감수

오야마 미츠하루
고등학교 물리교사, 치바현립 현대산업과학관 상석연구원 등을 거쳐, 현재 치바현 종합교육센터에서 주임지도주사로, 과학교육 커리큘럼 개발과 과학기술교육지도를 담당하고 있어요. 일본에서 출간된 책으로 《가정에서 즐기는 과학의 실험》, 《즐거운 과학 실험》, 《우리 주변의 도구로 대실험》 등이 있어요.

류제정
대학교에서 생물, 환경, 초등교육을 공부했고 대학원에서 과학영재교육을 전공했어요. 현재 동두천 신천초등학교 과학교사로 어린이들을 가르치고 있어요. 지은 책으로 《맛있는 과학교과서(생물)》, 《초등 생물 생생교과서》가 있으며, 주말에는 과천과학관에서 기초과학반 강사로 활동하고 있어요.

옮김

고선윤
서울대학교 동양사학과를 졸업했고, 한국외국어대학교에서 일어일문학 문학박사 학위를 받았어요. 현재 백석예술대학 외국어학부 겸임교수로 대학생들을 가르치고 있어요. 번역한 책으로 《3일 만에 읽는 동물의 수수께끼》, 《해마》, 《세상에서 가장 쉬운 철학책》 등이 있어요.

Why and How?

와이 앤 하우

과학이야기

레벨 1

글 코스모피아 외 | 옮김 고선윤 | 감수 오야마 미츠하루 외 · 류제정 | 그림 현보 양선모

서울문화사

과학이야기 레벨 1

1판 1쇄 인쇄 | 2012년 1월 5일
1판 1쇄 발행 | 2012년 1월 15일
글 | 코스모피아 외
그림 | 현보 양선모
감수 | 오야마 미츠하루 외, 류제정
옮김 | 고선윤
발행인 | 유승삼
편집인 | 이광표
편집팀장 | 최원영
편집 | 이은정 배선임 이희진 박수정 박주현 오혜환
라이츠 담당 | 유재옥
마케팅 담당 | 홍성현
제작 담당 | 이수행 김석성
발행처 | 서울문화사
등록일 | 1988. 2. 16
등록번호 | 제2-484
주소 | 140-737 서울특별시 용산구 한강로2가 2-35
전화 | 7910-0754(판매) 799-9194(편집)
팩스 | 749-4079(판매)
출력 | 지에스테크
인쇄처 | 서울교육
표지 및 본문 디자인 | design86
ISBN 978-89-263-9182-2
          978-89-263-9181-5(세트)

작가의 말

학부모님께

치바현 종합교육센터 | 오야마 미츠하루

우리 어린이들은 미래를 위해서 어떤 힘을 가져야 할까요?
국어와 수학의 힘도 중요하고, 몸과 건강을 위한 운동도 빼놓
을 수 없습니다. 어느 것 하나 중요하지 않은 것이 없지만, 공
부를 시작한 어린이들은 무엇보다도 '호기심'을 가지는 일이
가장 중요합니다. 호기심은 더 많은 것을 배우고 싶다는 의욕
으로 이어집니다.

우리 주변에는 많은 사물이 있고, 여러 가지 일들이 발생합니다. 어른인 우리들이 알고
있는 일은 아주 일부입니다. 그러나 어린이들은 다릅니다. 어린이들은 일상생활 속에서 듣
고 본 것에 대해서 스스로 생각하고 답을 찾을 수 있습니다.

이 책은 벌레를 잡거나 식물을 기르는 등 과학적인 것은 좋아하지만 방에서 책을 보는
것은 싫다는 어린이들을 위해서 만들었습니다. 반대로 독서는 좋아하지만 과학에는 흥미
가 없다는 어린이들도 재미있게 읽을 수 있도록 편집했습니다. 또한 어린이라면 누구라도
쉽게 읽을 수 있도록 자신의 몸과 주변에 대한 질문을 중심으로 구성하고 자세하게 설명했
습니다. 토머스 에디슨과 노구치 히데요의 간단한 전기와 쉽고 재
미있게 할 수 있는 실험도 실었습니다.

공부를 시작한 어린이들이 지식에 대한 즐거움을 알게 된
다면 더는 바랄 것이 없습니다. 이 책을 읽은 어린이들이 '그
렇구나!' 하면서 이해하는 것만이 아니라, 이해하는 기쁨과 즐거
움을 알게 되기를 진심으로 바랍니다.

이 책의 특징

〈Why and How 과학이야기〉는 어린이들이 궁금해 하는 과학적 내용을 주제별로 나누어 1~3 페이지로 구성하여 하루 10분 책 읽기를 생활화할 수 있도록 만들었어요.

1 1~6 단계 수준별 구성

과학적 호기심을 키우는 질문과 답이 1~6단계 수준으로 구성되어 있어, 어린이 수준에 맞는 과학 지식을 체계적으로 쌓을 수 있어요. 뿐만 아니라 본문 글자의 크기와 글의 양을 수준별로 차별화하여, 단계적으로 학습량을 늘릴 수 있어요.

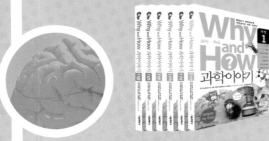

〈Why and How 과학이야기〉
1 ~ **6**권

레벨 1 에서는 감기에 걸리는 이유를 쉽고 재미있게 풀이했어요.

레벨 2 에서는 레벨 1의 감기 원인과 연계하여 감기의 구체적인 증상을 풀이했어요.

● 위와 같이 [레벨 1]에서 [레벨 2]로 이어진 내용을 읽다 보면 과학 지식을 체계적으로 쌓을 수 있어요.

2 분야별 내용 구성과 과학 핵심 단어 선정

과학 이야기를 우리 몸, 생물, 음식과 생활, 지구와 우주 4가지 분야로 나누어 과학의 전문성을 높였어요. 또 어린이들이 꼭 알아야 할 내용은 핵심 단어를 선정하고 강조하여 책을 읽으면서 과학 지식을 자연스럽게 학습할 수 있어요.

색다른 3가지 과학 코너

알면 알수록 신기한 '놀라운 과학', 쉽게 할 수 있는 '신나는 과학 실험', 과학적 호기심과 창의력으로 성공한 '위대한 과학 위인' 등 색다른 3가지 과학 코너를 통해 과학 학습의 재미를 한층 높였어요.

3

노구치 히데요

토머스 에디슨

만화 캐릭터 & 일러스트

재미있는 만화 캐릭터와 핵심적 특징을 잘 표현한 일러스트가 각 페이지마다 내용과 잘 어우러져 있어서 어린이들이 흥미롭고 재미있게 글을 읽으며 과학과 쉽게 친해질 수 있어요.

4

목차

1 우리 몸 👶

위 대 한 과 학 위 인 ①

세계의 병든 사람들을 위해 평생을 바친 세균학자

2 생물1 🍃

놀 라 운 과 학 ❶

3 생물2 🐋

놀 라 운 과 학 ❷

4 음식과 생활

신 나 는 과 학 실 험

5 지구와 우주

위 대 한 과 학 위 인 ❷
호기심 가득한 마음으로 세계를 바꾼 발명왕

과학 이야기　Level 01

우리 몸

하품은 왜 할까?

하아~
너무 졸려.

우웅~
나도.

'하아-' 하고 저절로 나오는 하품. 피곤하거나 졸음이 쏟아질 때면 하품이 많이 나와요. 또 가만히 있을 때도 가끔 하품이 나와요.

그러면 하품은 왜 할까요? 우리 머릿속에는 뇌가 있는데, 뇌는 생각을 하거나 몸을 움직이는 명령을 내려요.

그렇지만 졸리거나 가만히 있을 때는 뇌가 잘 움직이지 않아요. 그래서 뇌를 잘 움직이게 하려고 하품을 한답니다. 뇌가 잘 움직이고 일을 잘하기 위해서는 공기 중의 산소가 많이 필요해요. 그래서 뇌는 "더 많은 산소를 넣어라!"하고 명령을 내려요. 그러면 큰 입을 벌려서 많은 산소를 들이마시게 되지요. 바로 이것이 하품이에요.

상처가 나면 왜 피가 날까?

넘어져서 피부가 벗겨지거나, 손가락이 베이면 피가 나요.

이렇게 상처가 생기면 왜 피가 날까요? 피는 **혈관**이라는 가는 관 속을 달리면서, **산소**와 **영양소**를 운반해요. 피부 바로 밑에는 혈관이 많이 있는데, 상처가 생기면 피가 난답니다.

피는 혈관 밖으로 나오면 바로 굳어 버려요. 만약 피가 굳지 않으면 어떻게 될까요?

몸속의 피가 자꾸자꾸 밖으로 흘

상처

러나오게 되겠지요. 넘어지거나 긁혀서 작은 상처가 생기면 피가 굳어서 <u>피딱지</u>가 돼요. 피딱지 덕분에 세균은 몸 안으로 들어갈 수 없고, 상처를 낫게 할 수 있어요.

  피딱지가 생겼을 때는 만지지 말고 피딱지가 저절로 떨어질 때까지 기다려야 해요. 그래야 상처가 빨리 낫거든요.

차가운 것을 먹으면 왜 머리가 '띵'하고 아플까?

아이스크림이나 팥빙수처럼 차가운 것을 먹었을 때, 혹시 머리가 '띵' 하고 아픈 적이 없었나요? 이런 증상을 '아이스크림 두통'이라고 해요.

그러면 '아이스크림 두통'은 왜 생길까요? 차가운 것을 입에 넣으면 '차다.'는 자극이 머릿속 뇌로 강하게 전달돼요. 이처럼 강한 자극이 갑자기 뇌로 전달되면 뇌는 잘못 이해해서 '아프다.'고 느끼게 된답니다.

또한 차가운 것을 먹으면 머릿속 혈관이 갑자기 팽창되어 한꺼번에 많은 피가 머릿속으로 흘러 들어가요. 그래서 아프다고도 해요. 하지만 아직 확실한 이유는 밝혀지지 않았어요.

머리를 부딪쳤을 때 왜 혹이 생길까?

머리를 딱딱한 것에 부딪치면, 부딪친 곳에 볼록하게 혹이 생겨요.

왜 이런 혹이 생길까요? 머리를 부딪치면 부딪친 피부 밑에 있는 혈관이 찢어져요. 그래서 혈관 속을 흐르고 있던 피가 흘러나오게 되고, 흘러나온 피는 찢어진 혈관 부근에서 굳어요.

그 덩어리가 볼록 올라와서 혹이 되는 거예요.

그런데 손이나 배 등 몸의 다른 곳에는 부딪쳐도 혹이 생기지 않아요.

우리 몸

왜 머리에만 혹이 생길까요?

머리를 만져 보면 손이나 배와 다르게 딱딱하지요?

머리의 피부 바로 밑에 딱딱한 뼈, 두개골이 있기 때문이에요. 머리의 피부는 뼈와 딱 붙어 있어요. 그래서 굳은 피는 피부를 들어 올려서 혹이 된답니다.

손이나 배 등 몸의 부드러운 부분이 부딪쳤을 때는 피가 피부 밑으로 퍼져서 멍이 돼요. 혹이나 멍의 피는 피부 속으로 흡수되어 자연히 낫게 돼요. 하지만 머리는 되도록

혈관

두개골

그래서 혹이 생겼구나! 혹!

부딪치지 않도록 조심해야 돼요. 머리에 심한 충격을 받으면 두개골 속에 있는 뇌까지 다칠 수 있거든요. 뇌가 다치면 생명이 위험할 수도 있어요.

혈관

배가 고프면
왜 '꼬르륵' 소리가 날까?

꼬 르 륵

아침 식사를 한 지 4시간 정도 지나면 배가 고파져요. 배가 고플 때는 '꼬르륵' 소리가 나기도 해요.

'꼬르륵' 소리를 내는 것은 뱃속의 위와 장이에요.

위나 장은 음식을 먹었을 때, 그 음식물이 지나는 길이에요. 음식을 씹어서 삼키면 뱃속에 있는 주머니 '위'에 모이지요. 위는 그 벽을 움직여서 음식을 잘게 만든답니다. 그리고 3시간에서

위

장

22

4시간이 지나면 걸쭉하게 된 음식물을 장으로 보내요.

위 속이 비면 뇌는 '배가 고프다.'고 느끼게 돼요. 그러면 위 벽이 자연히 움직이기 시작하면서, 음식이 들어오기 전부터 준비를 해요. 이때 위 안에 있는 공기가 움직여서 소리가 나요. 또한 장에서 소리가 날 때도 있어요.

장이 음식물에서 영양소를 얻을 때 가스가 만들어지거든요. 장의 벽이 움직이면 그 안의 가스도 움직여서 소리가 난답니다.

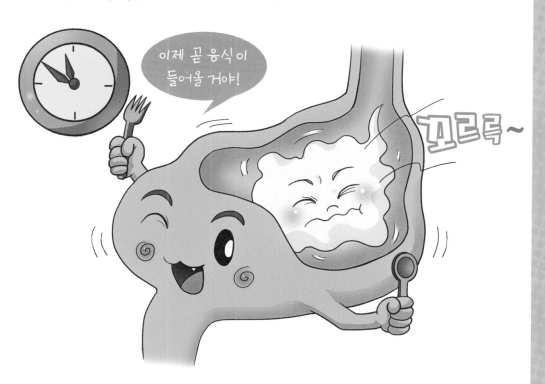

이제 곧 음식이 들어올 거야!

꼬르륵~

방귀는 왜 냄새가 날까?

방귀가 생기는 까닭은 두 가지예요.

한 가지는 우리들이 음식을 먹을 때 함께 들이마신 공기 때문이에요.

또 한 가지는 먹은 음식물이 장에서 소화될 때, 장에서 만들어진 가스 때문이에요.

장은 음식물에서 몸에 필요한 영양소를 흡수해요. 영양소가 흡수된 다음, 그 찌꺼기는 마지막에 똥이 돼요.

장 안에는 눈에 보이지 않는 작은 생물인 세균이 있어요. 세균은 장으로 들어온 음식물을 잘게 만들어요. 그러면 영양소는 몸속으로 흡수되기 쉬운 상태가 돼요.

이 세균이 활동할 때 고약한 냄새의 가스가 만들어져요.

이 가스는 들이마신 공기와 섞여서 장 속의 앞으로 나아가요. 그리고 항문에서 밖으로 밀려 나와 '뿡' 이라는 소리를 내면서 방귀가 돼요.

사람은 보통 하루에 5번 정도 방귀를 뀐답니다.

젖니는 왜 빠지고 새로운 이가 나는 것일까?

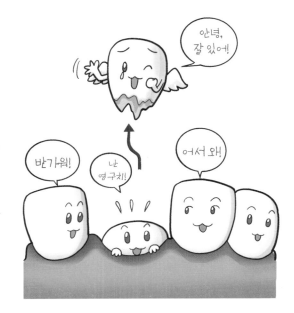

과
학
이
야
기
레
벨
1

사람은 태어나서 6개월 무렵부터 3살이 될 때까지 '젖니'가 나요.

젖니는 전부 20개랍니다.

5~6살이 되면 몸이 커지고 턱도 커지지만, 하나하나의 이는 커지지 않아요. 젖니는 작고 약해요.

젖니처럼 작은 이는 커진 몸에 어울리지 않아요. 강하고 큰 이가 필요하지요. 그래서 이갈이를 시작한답니다. 5~6살부터 12살 때까지 젖니가 빠지고 어른 이가 나요.

또한 젖니 안쪽에는 크고 튼튼한 어금니도 나요.

6살 무렵에 나는 어금니를 첫 번째 어금니, 12살 무렵에 나는 어금니를 두 번째 어금니라고 합니다. 또한 사랑니가 있는데, 사랑니는 나는 사람도 있고 나지 않는 사람도 있어요.

어른 이를 '영구치'라고도 하는데, 사람은 위아래로 모두 32개의 영구치가 있어요.

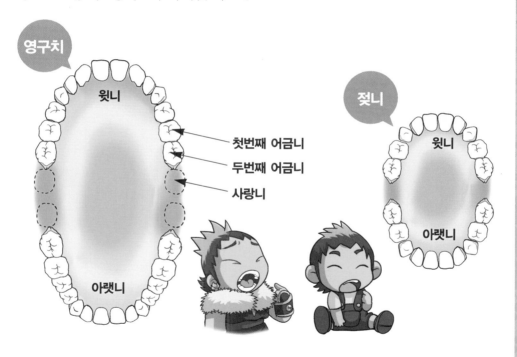

영구치

윗니

첫번째 어금니

두번째 어금니

사랑니

아랫니

젖니

윗니

아랫니

감기에 왜 걸릴까?

감기에 걸리면 기침과 콧물이 나고 열이 나서 몸에 힘이 없어요.

감기에 왜 걸릴까요?

감기는 병을 일으키는 원인인 바이러스와 세균이 몸속에 증가해서 생기는 거예요.

바이러스와 세균은 눈에 보이지 않을 정도로 작은데 공기 중에 있어요. 숨을 쉬거나 음식을 먹을 때 바이러스나 세균은 코나 목구멍을 통해서 몸속으로 들어가요. 보통 몸은 바이러스나 세균을 물리칠 수 있는 힘이 있어요.

하지만 몸이 피곤해서 약할 때나 바이러스나 세균이 많이 들어왔을 때는 모두 물리칠 수가 없어요. 이럴 때는 바이러스나 세균이 몸속에 증가해서 병이 된답니다.

감기에 걸렸을 때 열이 나고 콧물이 나는 것은 몸이 바이러스 등과 싸우고 있다는 증거예요. 피 속의 백혈구가 바이러스 등과 싸울 때는 몸의 열이 올라가요.

기침이나 콧물은 바이러스의 사체 등을 몸 밖으로 내보내려는 움직임이에요.

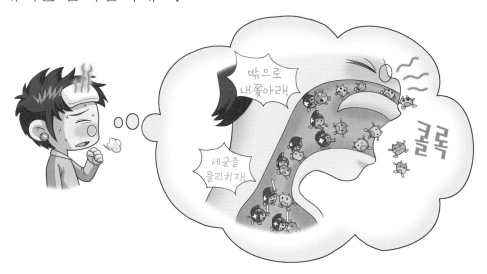

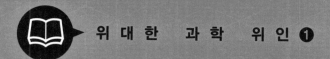

세계의 병든 사람들을 위해 평생을 바친 세균학자

노구치 히데요

(1876~1928)

"학교에 가기 싫다."

1학년인 세이사쿠는 하늘을 보면서 이렇게 말했어요.

학교에 가면 친구들이 세이사쿠를 자꾸 놀리거든요.

노구치 세이사쿠는 노구치 히데요의 어렸을 때 이름이에요.

"와, 저 녀석 손 좀 봐! 손이 이상하게 생겼어!"

세이사쿠가 놀림을 받는 까닭은 왼손 때문이에요. 세이사쿠의 왼손에는 손가락이 하나도 없어요.

갓난아기 때 불 속에 떨어져서 화상을 입었거든요. 왼손 다섯 개의 손가락은 붙어버렸어요.

"미안하구나, 세이사쿠. 엄마가 잠시 한눈을 판 사이에 손이 이렇게 되다니…… 엄마를 용서해 주렴."

세이사쿠의 어머니는 세이사쿠를 볼 때마다 미안한 마음을 가지며, 밤낮으로 일했어요. 세이사쿠의 집은 가난했지만 어머니는 불쌍한 세이사쿠를 학교에 꼭 보내고 싶었거든요.

"세이사쿠, 포기하지 마라. 어떤 몸이라도 노력하면 훌륭한 사람이 될 수 있어."

"엄마……."

세이사쿠는 어머니의 마음을 알고 열심히 공부했어요. 세이사쿠의 학교 성적은 점점 올라서 6학년 때는 놀랍게도 1등을 했어요.

"와, 저 녀석 머리 좋잖아!"

세이사쿠를 놀리던 아이들도 더는 놀리지 않았어요.

"너, 우리 학교에 오지 않을래?"

세이사쿠의 노력이 중학교의 한 선생님에게 알려진 거예요.

이 시절 중학교는 부잣집 아이들만 갈 수 있었어요.

그러나 세이사쿠의 노력에 감동한 선생님은 세이사쿠를 중학교에 입학시켰어요. 학비는 선생님의 돈으로 냈어요.

중학교에 올라간 세이사쿠는 자신의 손을 부끄러워하지 않았어요. 그리고 글짓기로 자신의 마음을 당당하게 알렸어요.

그러자 친구들 사이에서 이런 말들이 나왔어요.

"우리 돈을 모아서 세이사쿠의 손을 낫게 해 주자!"

여러 사람의 도움으로 세이사쿠는 수술을 할 수 있게 되었어요.

수술은 대성공을 거두었어요.

"손가락이 생겼어! 왼손에도 손가락이 생겼어!"

세이사쿠는 자신의 손을 보며 결심을 했어요.

'나도 의사 선생님이 될 거야!'

중학교를 졸업한 세이사쿠는 자신을 수술해 준 의사 선생님 밑에서 일을 도우며, 의학 공부를 시작했어요.

낮에는 화장실 청소, 밤에는 공부를 했어요. 영어와 프랑스어도 공부해서 어려운 책도 읽을 수 있게 되었어요.

"세계의 여러 나라를 돌아다니며, 아픈 사람을 도와주고 싶다!"

이런 결심으로 공부를 한 세이사쿠는 드디어 의사 시험에 합격했답니다.

세이사쿠는 자신의 결심대로 해외로 가고 싶었어요.

"흠, 그런데 돈이 없잖아."

세이사쿠에게는 나쁜 버릇이 있었어요.

그건 바로 일을 해서 번 돈을 모으지 않고, 다 써 버리는 것
이었어요.

"미안한데 돈 좀 빌려 주게."

"알았어. 하지만 많이는 못 빌려 줘."

친구들은 세이사쿠의 나쁜 버릇을 알면서도 그를 도왔어요. 왜냐하면 세이사쿠가 어려운 상황에서도 최선을 다해 열심히 공부하는 것을 잘 알았거든요.

　세이사쿠는 이름을 히데요로 바꾸고, 세계의 많은 아픈 사람들을 위해 외국으로 갔어요.

　히데요는 미국에서 식사 시간도 아끼며 밤늦게까지 열심히 연구했어요. 몇백 번, 몇천 번을 실패해도 포기하지 않았어요.

그러던 어느 날, 드디어 고치기 어려운 병의 원인을 찾아냈어요. 히데요의 놀라운 발견으로 아픈 사람들을 위한 많은 약이 만들어졌어요.

히데요는 열병으로 고생하는 나라로 가서 많은 생명을 구하기도 했어요.

"세계의 병든 사람들이 없어질 때까지 열심히 일해야지."

히데요가 다시 일본에 돌아온 것은 15년이 지난 뒤였어요.

사랑하는 어머니를 만난 히데요는 아픈 사람들의 병을 고쳐
주기 위해 다시 세계를 향해 떠났고, 이 세상을 떠나는 마지
막까지도 서아프리카에서 열병을 연구했어요.

과학이야기　Level 01

생물1

-동물 편-

고양이 혀는 **왜 까칠까칠할까?**

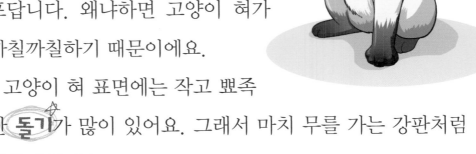

고양이가 손을 핥아 주면 조금 아프답니다. 왜냐하면 고양이 혀가 까칠까칠하기 때문이에요.

고양이 혀 표면에는 작고 뾰족한 **돌기**가 많이 있어요. 그래서 마치 무를 가는 강판처럼 까칠까칠해요.

까칠까칠한 혀는 고양이가 살아가는 데 많은 도움이 돼요. 야생 고양이는 짐승을 잡아먹을 때 까칠까칠한 혀로 뼈에서 살코기를 도려낼 수 있거든요.

집고양이의 까칠까칠한 **혀**도 먹이를 먹는 데 도움이 돼요. 물이나 우유를 할짝할짝 핥아 먹을 때, 혀가 매끄러운 것보다 까칠까칠한 것이 더 편리하거든요.

고양이는 혀로 몸을 잘 핥아요. 사람이 빗으로 머리를 정돈하는 것처럼 고양이는 혀로 몸에 달라붙은 먼지나 더러운 것들을 없애고, 깨끗하게 정돈해요. 고양이는 깨끗한 것을 좋아하는 동물이에요.

개는 산책할 때
왜 여기저기에 오줌을 쌀까?

개가 벽이나 기둥 등에 오줌을 싸는 것을 본 적이 있나요?

개의 이런 행동은 그냥 오줌을 누는 것이 아니에요. 의미가 담긴 행동이에요.

개의 오줌에는 각각 개의 냄새가 있어요. 그래서 개는 여기저기에 자신의 오줌 냄새를 묻혀서 '여기에 내가 왔다.'는 것을 알려요.

오줌을 싸는 장소는 다른 개들에게 내가 왔다는 것을 알리는 게시판과 같아요.

수캐는 어른이 되면 한쪽 뒷다리를

과
학
이
야
기
레
벨
1

높이 들고 오줌을 싸요. 뒷다리를 높이 드는 까닭은 오줌 냄새를 멀리 퍼지게 하기 위해서랍니다.

오줌 냄새는 3~4일이면 사라지는데, 개는 냄새를 남기기 위해서 매일 산책을 하고 싶어 해요.

토끼의 귀는 왜 길까?

토끼 귀가 긴 까닭은 작은 소리를 잘 듣기 위해서예요.

크고 긴 귀는 많은 소리를 안테나 처럼 모을 수 있어요. 그래서 멀리서 적이 다가오는 것을 빨리 알아차리고 빨리 달아날 수 있어요.

토끼의 긴 귀에는 또 하나 소중한 역할이 있어요.

토끼의 긴 귀는 몸의 열을 식히는 일도 해요. 이것은 매우 중요한 일이랍니다. 동물은 몸이 너무 뜨거우면 죽어요. 사람은 달리기를 해서 몸이 뜨거워졌을 때, 땀을 흘려서 열을 식혀요.

그러나 토끼는 땀을 거의 흘리지 않아요. 그 대신 토끼는 귀에서 열을 내보낸답니다. 토끼는 적으로부터 달아날 때 시속 50킬로미터로 달려요. 이 속도는 자동차와 비슷한 속도랍니다. 정말 빠르죠?

이때 귀를 세워서 달리기 때문에 차가운 바람을 많이 받

바람

열

아요. 토끼의 귀에는 혈관이 모여 있어서 많은 피가 흐르고 있어요. 토끼가 달려서 뜨거워진 피는, 시원한 바람을 쐬면 식는답니다. 그래서 토끼에게 귀는 소중한 거예요.

만약 여러분이 토끼와 놀게 된다면 토끼의 귀를 잡아당기는 장난은 하지 마세요.

코끼리 코는 왜 길까?

몸이 크고 무거운 코끼리. 만약 긴 코가 없다면 어떻게 될까요?

코끼리가 땅 위에 있는 음식을 개처럼 입을 대고 먹으려 한다면 몸무게 때문에 넘어질 거예요.

그러나 긴 코가 있다면 선 채로 여러 가지 일을 할 수 있어요.

코끼리의 코는 뼈가 없고 근육만으로 이루어져 있는데, 근육을 늘리거나 굽혀서 자유롭게 움직일 수 있어요.

코끼리는 긴 코를 이용

생
물
1

해서 땅 위의 풀이나 높은 곳에 있는 나뭇잎을 잘 뜯어요.
그런 다음 코를 입으로 가지고 가서 먹지요. 물을 마실 때
는 코에 물을 빨아들여 잔뜩 채운 다음 입으로 가지고 가
서 마셔요.

또한 물을 콧속에 모아서 샤워할 때처럼 물을 몸에 덮어
쓸 수도 있어요.

코끼리가 한번에 콧속에 담을 수 있는 물의 양은 어른
아프리카코끼리의 경우 약 10리터나 돼요. 1리터짜리 우
유 팩으로 10개 정도 담을 수 있는 양이에요.

게다가 코끼리는 하루에 100리터의 물을 마셔요. 정말
엄청나지요?

코끼리의 코끝은 조금 튀어나와 있어요. 코끼리는 이
튀어나온 부분을 이용해서 땅콩과 같은 작은 것을 잡을
수 있어요.

튀어나온 부
분이 사람의
손가락과 비
슷한 일을 하

꿀꺽

는 셈이지요.

또한 두부처럼 연한 것은 감아서 들어 올리고, 귤 껍질을 깔 수도 있어요. 코끼리의 코는 참으로 재주가 많아요.

코끼리 코는 만능 코!

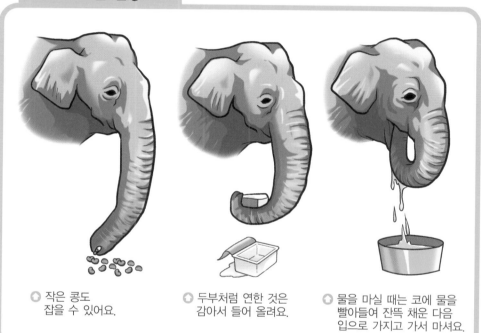

⊙ 작은 콩도
　잡을 수 있어요.

⊙ 두부처럼 연한 것은
　감아서 들어 올려요.

⊙ 물을 마실 때는 코에 물을
　빨아들여 잔뜩 채운 다음
　입으로 가지고 가서 마셔요.

햄스터는 왜 볼주머니에 음식을 넣어 둘까?

햄스터가 앞다리로 땅콩을 잡고 볼을 볼록하게 부풀리면서 먹고 있는 모습은 정말 귀여워요.

햄스터의 볼 안쪽에는 주머니가 있는데, '볼주머니'라고 해요. 볼주머니의 피부는 매우 부드러워서 고무풍선처럼 잘 늘어나고 부푼답니다. 그래서 입 안에 먹이를 가득 넣을 수가 있는 거예요.

원래 햄스터는 바위가 많고 풀이 잘 나지 않는 곳에서 사는 동물이에요. 그래서 풀씨 같은 먹을거리를 전혀 찾을 수 없을 때도 있어요.

그래서 야생 햄스터는 먹이를 찾으면 볼주머니에 많이 넣어서 집으로 가지고 가요. 먹이가 없을 때 먹어야 하거든요.

먹이를 많이 운반할 수 있는 햄스터의 볼주머니는 햄스터가 살아가는 데 많은 도움이 돼요.

해달은 어떻게 잘까?

해달은 늘 바다 위에 떠서 생활을 한답니다. 먹이를 먹을 때도 새끼를 기를 때도 물에 떠 있어요. 잠을 잘 때도 물 위에 누워서 쿨쿨 잠을 자지요. 바다 위에서 잠을 자면 어딘가로 떠내려갈지도 모르는데 말이에요. 정말 괜찮을까요?

해달은 잠을 잘 때 긴 해초를 몸에 말아서 자요. 해초는 바다 밑이나 바위에 붙어 있어서 해달이 떠내려가

과학이야기 레벨 1

지 않도록 해 주고 몸도 따뜻하게 해 줘요. 그리고 해초가 있으면 해달을 노리는 범고래가 다가올 수 없어서 해달은 안전하게 잠을 잘 수 있답니다.

세계 3대 희귀 동물

희귀 동물 이야기를 해 볼까 해요.

세계에서 만나기가 아주 어려운 동물이 있는데, 바로 '자이언트판다', '오카피', '피그미하마' 예요. 이 동물들을 '3대 희귀 동물'이라고 해요.

자이언트판다는 여러분도 잘 아는 것처럼 흰색과 검은색의 털을 가진 곰인데 귀여운 생김새와 행동으로 인기가 많아요.

자이언트판다는 중국의 깊은 산속에서 살았는데 100여 년 전, 사람들이 많이 잡아서 죽였어요. 자이언트판다의 털가죽

이 인기가 좋았거든요. 그래서 지금은 그 숫자가 많이 줄었
어요.

　오카피는 기린과 닮은 동물로, 아프리카 정글에서 살아요.
겁이 많아서 사람들 앞에는 잘 나타나지 않는답니다.

　지금 아프리카 정글이 개발 때문에 많이 훼손되고 있는데
오카피의 숫자도 많이 줄어들었어요.

피그미하마는 아프리카 정글의 물가에 사는 몸집이 작은 하마예요. 살 곳이 많이 줄어들고 있고 또 사람들이 사냥을 많이 해서 많이 죽었어요. 그래서 어쩌면 야생 피그미하마는 한 마리도 볼 수 없을지 몰라요.

'자이언트판다', '오카피', '피그미하마'는 원래 숫자가 많지 않았어요. 그런데 사람들 때문에 그 숫자가 더 줄어서 희귀 동물이 된 거예요.

희귀 동물을 보존하기 위해 사람들은 희귀 동물들을 동물원에서 소중하게 길러요. 또한 새끼가 태어나도록 여러 가지 노력도 한답니다.

희귀 동물들을 많이 만날 수 있는 날이 빨리 왔으면 좋겠어요.

과학이야기 Level 01

생물2

-조류·곤충·식물편-

새도 귀가 있을까?

과
학
이
야
기
레
벨
1

사람이나 개, 고양이의 귀는 어디에 있는지 금방 알 수 있어요.

하지만 새를 보면 귀처럼 생긴 것이 보이지 않아요. 예쁜 소리를 내는 새는 소리를 듣기 위한 귀가 없을까요?

아니에요. 새도 귀를 가지고 있어요. 새의 눈 뒤에 있는 작은 구멍이 바로 새의 귀예요. 새의 귀에는 사람이나 개, 고양이처럼 튀어나온 부분이 없어서 눈에 띄지 않아요.

튀어나온 부분이 없기 때문에 새는 하늘을 날 때에도 방해를 받지 않아요. 보통 새의 귓구멍은 새털로 감추

귀

어져 있어서 쉽게 보이지 않는답니다.

　그러나 타조는 머리에 새털이 없어서 눈 뒤에 있는 구멍이 잘 보여요.

　만약 타조를 보게 된다면 어디에 귀가 있는지 찾아보세요.

개미집은 어떻게 생겼을까?

땅에 뚫린 작은 구멍에서 개미가 나오거나 들어가는 것을 본 적이 있나요? 그 작은 구멍이 바로 **개미집**의 출입구예요. 개미는 땅속에 긴 터널과 같은 집을 만들고 동료 개미들과 함께 살고 있어요.

개미집은 몇 개의 방으로 나누어져 있어요. 음식을 저장하는 방, 알을 보호하는 방, **여왕개미**가 사는 넓은 방 등 여러 가지 방이 있지요.

개미들 중에서 집을 만드는 일은 **일개미**가 해

요. 흙을 턱으로 갉아내고 땅속에 터널을 만드는데, 터널의 깊이는 자그마치 2미터나 돼요. 작은 몸의 개미가 정말 대단한 일을 한답니다.

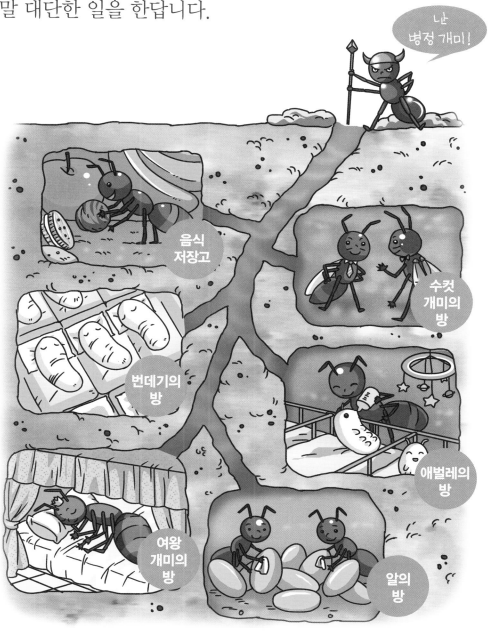

펭귄은 새인데 왜 날지 못할까?

옛날에는 펭귄도 튼튼한 날개를 가지고 있어서 하늘을 날 수 있었어요. 그리고 펭귄은 바다에 잠수해서 물고기와 오징어를 잡아먹었지요.

펭귄이 사는 남극에는 펭귄을 잡아먹는 동물도 없었고, 바다에는 먹을거리가 충분하게 있었어요. 그래서 적으로부터 도망치거나, 먹을거리를 찾아다니기 위해 하늘을 날아다닐 필요가 없었어요.

펭귄이 점점 하늘을 날지 않게 되자 펭귄의 날개는 작아지고 몸은 커졌어요. 마침내 펭귄은 하늘을 날 수 없게 되었지요. 하지만 물속에서는 날아다니듯이 자유롭게 헤엄을 친답니다.

장수풍뎅이는 곤충 중에서 특별히 몸이 큰 곤충이에요. 수컷의 머리에는 날카로운 뿔이 있는데, 뿔이 난 모습을 보면 매우 강하게 보여요.

뿔을 달고 있는 모양이 옛날 장군들이 쓴 투구와 닮아서 '투구벌레' 라고도 불러요. 장수풍뎅이의 먹이는 나무에서 나는 즙이에요.

즙이 많이 나는 나무에서는 장수풍뎅이끼리 싸워요. 또한 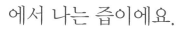등 다른 벌레와도 싸워요.

장수풍뎅이의 뿔은 싸울

생
물
2

69

때 좋은 무기가 된답니다.

　또한 장수풍뎅이는 힘이 좋아서 자신의 몸무게보다 20배 이상 무거운 것을 당길 수 있어요. 큰 장수풍뎅이의 몸무게가 약 10그램이니까 20배인 200그램의 무게를 잡아 당길 수 있다는 것이지요. 장수풍뎅이는 강한 힘으로 상대 장수풍뎅이를 집어 올려서 던져요. 힘겨루기에서 이긴 장수풍뎅이가 맛있는 즙을 많이 먹을 수 있어요.

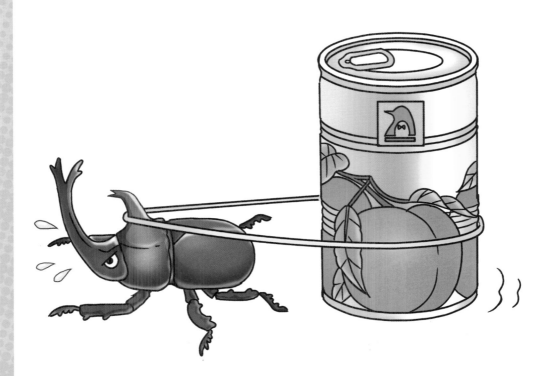

꽃은 물이 없으면 왜 시들까?

꽃이나 풀 등의 식물이나 동물의 몸은 세포가 많이 모여서 만들어진 것이에요. 세포는 대부분 물로 이루어져 있어요.

동물은 오줌이나 땀으로 물이 밖으로 빠져나가요. 식물도 잎에서 물이 빠져나가요. 그래서 생물은 빠져나간 만큼의 물을 몸으로 자꾸자꾸 넣어 주지 않으면 생기가 없어져요.

또한 식물은 잎에서 영양분을 만드는데, 뿌리에서 빨아들인 물을 이용해요. 그리고 영양분을 몸 구석구석까지 전달하는 데도 물을 이용해요. 이렇게 물은 여러 가지 일을 하기 때문에 물을 주지 않으면 시들어요.

꽃은 왜 좋은 향기를 낼까?

장미나 라일락 같은 꽃이 피면 너무나 좋은 향기가 나요. 조금 떨어진 곳에서도 꽃의 향기를 맡을 수 있어요. 꽃이 좋은 향기를 내는 까닭은 곤충들에게 꽃이 핀 곳을 알리기 위해서랍니다.

그런데 꽃은 왜 곤충들에게 자신이 있는 곳을 알리려고 할까요? 나비와 벌과 같은 곤충들은 좋은 향기에 이끌려서 꽃으로 날아와요. 이런 곤충들은 꽃에서 꿀을 얻어요.

이때 꽃의 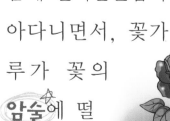수술에서 만들어진 꽃가루가 곤충의 발이나 몸에 달라붙는답니다. 곤충이 날아다니면서, 꽃가루가 꽃의 암술에 떨

어지면 꽃은 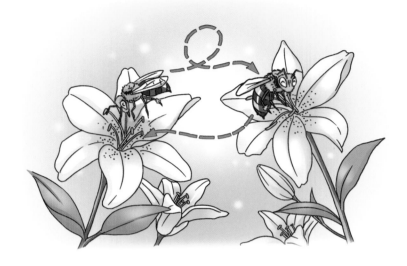씨를 만들 수 있어요.

만약 곤충의 도움이 없다면 꽃은 씨를 만들 수 없어요.
그래서 꽃은 많은 곤충을 유혹하기 위해서 곤충이 좋아하
는 향기를 내는 거예요.

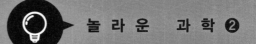

세계에서 가장 큰 꽃의 향기

세계에서 가장 큰 꽃은 무엇일까요?

바로 타이탄 아룸이에요. 정글에서 볼 수 있는 타이탄 아룸은 7년에 한 번 꽃을 피우는데, 키 높이는 3미터가 넘어요.

이 꽃을 교실에 넣고 친구들과 보려고 해도, 너무 큰 키 때문에 넣을 수가 없답니다.

타이탄 아룸은 하나의 꽃으로 보이지만 사실은 몇 개의 꽃이 모여서 이루어진 거예요.

하나의 꽃으로 세계에서 가장 큰 꽃은 라플레시아예요. 라플레시아는 포도과 식물의 뿌리에 기생해서 꽃을 피우는데 정글에서 자란답니다.

양팔을 벌려도 안을 수 없을 정도로 큰 꽃이에요.

타이탄 아룸의 키 높이 3m

타이탄 아룸

그렇다면 세계에서 가장 큰 꽃인 타이탄 아룸과 라플레시아
는 어떤 향기를 갖고 있을까요?

두 꽃 모두 놀랍게도 동물이 죽어서 썩은 냄새가 나요. 왜
이런 고약한 냄새를 낼까요?

정글에는 여러 가지 종류의 생물들이 있어요. 동물의 시체
를 먹는 벌레도 있고, 똥을 먹는 벌레도 있어요. 이런 벌레들
은 썩은 냄새가 나면 모여들어요.

대부분의 꽃들이 좋은 향기로 나비나 벌을 불러들이는 것처
럼 타이탄 아룸과 라플레시아는 썩은 시체 냄새를 좋아하는
벌레를 불러들이는 거예요. 벌레를 불러들이기 위한 냄새가
꽃에 따라 다른 거지요.

라플레시아

과학 이야기   Level 01

음식과
생활

연필로 쓴 글자를 돋보기로 본 적이 있나요?

울퉁불퉁한 종이 표면에 연필심의 검은 가루가 많이 붙어 있어요. 고무지우개를 글자 위에 문지르면 연필심의 검은 가루가 지우개에 달라붙어서 종이에서 떨어져요. 그래서 글자가 지워지는 거지요.

하지만 볼펜이나 만년필로 쓴 글자는 고무지우개로 지울 수가 없어요. 왜냐하면 잉크가 종이 안까지 스며들었기 때문이에요.

이때는 고무에 모래 같은 것을 섞은 **모래지우개**를 사용해요. 모래지우개는 잉크가 스며든 종이를 깎아내고 지우거든요.

고무지우개는 말 그대로 고무로 만든 지우개예요.

하지만 지금 여러분이 많이 사용하는 지우개는 고무가 아니라 **플라스틱**으로 만든 것이 대부분이에요.

미끄럼틀을 타면
왜 엉덩이가 뜨거워질까?

미끄럼틀을 힘차게 타고 내려오면 엉덩이가 뜨거워져요. 미끄럼틀의 길이가 길수록 엉덩이는 더 뜨거워진답니다. 왜 엉덩이가 뜨거워질까요? 미끄럼틀과 엉덩이가 **마찰**해서 열이 생겼기 때문이지요. 이렇게 사물과 사물이 마찰하면 열이 생긴답니다. 이 열을 **마찰열**이라고 해요.

추울 때, 손과 손을

아뜨~

비비면 점점 따뜻해져요. 이것도 마찰열 때문이랍니다.

옛날에 살던 사람들은 나무와 나무를 비벼서 불을 피웠어요. 나무가 탈 정도의 온도까지 마찰열을 올린 거지요.

손을 비비면 마찰열이 생겨서 덜 추울 거야. 호~!

드라이아이스에 왜 데일까?

아이스크림이나 팥빙수 등 차가운 것을 운반할 때는 녹지 말라고 드라이아이스를 같이 넣어요.

만약 여러분이 이 드라이아이스를 손으로 만지려고 하면, '손을 데일 수 있으니 조심해라.'는 말을 들을 거예요. 불처럼 뜨겁지도 않은데 왜 데일까요?

드라이아이스는 보통 마이너스 79도 정도의 낮은 온도로 이루어져 있어요. 집에 있는 냉동고의 온도가 보통 마이너스 20도 정도예요. 즉 드라이아이스는 얼음보다 더 차

가워요. 이렇게 차가운 드라이아이스를 만지면 사람의 피부는 상처를 입어요. 따끔따끔 아프고 물집이 생기는데 이건 데였을 때와 같은 증상이에요. 그래서 드라이아이스 때문에 데였다고 하는 거예요.

드라이아이스는 얼음과 비슷하게 생겼는데, 녹아도 하얀 연기만 날 뿐 물이 되지는 않아요.

드라이아이스는 이산화탄소라는 공기 중에 있는 가스를 얼린 거예요. 그래서 녹으면 가스가 돼요.

그러나 이 가스는 투명해서 눈에는 보이지 않아요. 눈에 보이는 흰 연기는 사실 얼음 알갱이예요.

드라이아이스는 매우 차가운 것이어서 주변의 공기를 차갑게 만들어요. 그래서 공기 중에 있는

앗!

드라이아이스를 손으로 만지면 안 돼!

드라이아이스

작은 물 알갱이가 작은 얼음 알갱이로 변해요. 이것이 흰 연기처럼 보이는 거지요.

바나나에는 씨가 있을까?

우리들이 잘 먹는 바나나에는 씨가 없어요.

하지만 원래는 바나나에도 씨가 있었어요. 바나나를 잘라 보면 한가운데에 줄기 같은 것이 보이는데, 그 주변에 작은 홈이 있어요. 이것이 원래 씨가 있었던 자리예요.

작은 몽키 바나나를 보면 이 주변에 씨의 기초가 되는 검은 알갱이가 남아 있어요.

바나나에 씨가 없어진 까닭은 사람들이 씨가 없는 종류의 바나나를 만들었기 때문이에요.

씨가 있으면 일일이 빼내고 먹어야 하잖아요. 그래서 사람들이 바

나나를 편하게 먹기 위해서 씨가 없는 바나나를 만들었어요.

그렇다면 씨 없는 바나나는 어떻게 많이 만들었을까요?

먼저 씨 없는 바나나 풀에서 새로운 싹을 떼어 내요. 떼어 낸 싹을 심고 키우면 새로운 씨 없는 바나나 풀이 된답니다.

과 학 이 야 기 레 벨 1

초콜릿은 무엇으로 만들었을까?

덥고 비가 많은 나라에서 자라는 나무 중에 **카카오** 라는 나무가 있어요.

카카오 열매는 럭비공처럼 생겼는데, 길이는 20센티미터 정도예요. 열매를 깨면 카카오 콩이 미끈미끈한 솜과 같은 것으로 싸여 있어요. 보통 열매 하나에 약 30~40개 정도의 카카오 콩이 들어 있어요.

초콜릿은 바로 이 **카카오 콩**으로 만들어요. 카카오 콩을 꺼내서 일주일 정도 두면 초콜릿의 좋은 향기가 나기 시작해요. 그런 카카오 콩을 완전히 잘 말리면 초콜릿을 만드는 원료가 된답니다.

카카오 콩이 초콜릿을 만드는 재료이기 때문에 먹으면

달콤할 것 같다고요?

그렇지 않아요. 먹으면 쓴맛이 난답니다. 그래서 우유와 설탕을 더하는 거예요. 불에 가열해서 부드러워질 때까지 잘 섞은 다음 틀에 넣어서 식히면 달고 맛있는 초콜릿을 만들 수 있어요. 옛날에는 쓴 것을 약으로 생각하고 그냥 먹었어요. 그러나 지금은 달콤한 초콜릿을 먹을 수 있어요. 정말 다행이죠?

초콜릿 만들기

① 호잇 탁

② 7 6 5 4 2

③ ㅎㅎ 설탕

④ 틀에 붓는다!

⑤ 우와~ 달콤한 초콜릿 완성!

매실은 왜 신맛이 날까?

아이 셔~!

매실차나 매실 장아찌에는 신맛이 나요. 매실 열매 안에는 신맛을 내는 구연산이 많이 들어 있답니다. 그래서 매실차나 매실 장아찌에서 신맛이 나는 거죠. 구연산은 매실 외에도 레몬이나 자몽, 오렌지 등 신맛이 나는 과일에 많이 들어 있어요.

매실의 신맛은 몸에 좋아요. 매실차를 마시면 침이 고여요. 침이 나면 음식 소화가 잘 돼요. 침이 소화를 돕기 때문이지요. 또한 구연산은 몸의 피로를 풀어준다고 해요. 이 밖에도 구연산에는 인체에 나쁜 영향을 끼치는 세균을

죽이는 강한 힘을 가지고 있어요. 그래서 배가 아플 때는
매실차를 마시는 거예요.

컵케이크
만들기

과학 실험도 하면서, 간단하고 맛있는 간식을 만들어 볼까요? 지금부터 만들 간식은 전자레인지로 만드는 컵케이크예요. 먼저 큰 머그잔을 준비하세요. 그리고 그 다음 필요한 재료는 아래와 같아요.

밀가루 큰 수저 2, 베이킹파우더 작은 수저 반, 설탕 큰 수저 3,
계란 1개, 식용유 큰 수저 반

1 밀가루, 베이킹파우더,
설탕을 머그잔에 넣고
잘 섞어요.

2 다른 그릇에 계란과
식용유를 넣어서 섞어요.

3 계란과 식용유를 잘 섞은 다음 **1**번 머그잔에 넣어서 밀가루 등과 잘 섞어요.

➡ 이때 베이킹파우더에 계란 등의 수분이 더해지면 가스가 나오기 시작해요. 이것은 이산화탄소예요. 이 가스로 케이크 안에 작은 거품이 많이 만들어지고, 스펀지처럼 부풀어 부드러운 케이크가 돼요.

4 재료를 섞으면 바로 머그잔을 전자레인지에 넣어서 2~3분 데워요.

➡ 열을 가하면 가스(이산화탄소)가 더 잘 나오기 때문에 케이크가 부풀어 올라요.

5 짠! 이것으로 컵케이크가 완성!

➡ 전자레인지에 넣는 시간을 놓치면 가스가 조금씩 나와 케이크가 잘 부풀지 않으니 주의하세요.

 베이킹파우더의 역할 : 베이킹파우더는 빵과 과자 등을 만들 때, 반죽을 부풀게 하는 물질이에요. 베이킹파우더는 반죽 속의 수분과 반응하면 이산화탄소라는 가스를 만들어요. 반죽 안에 갇힌 이산화탄소에 열을 가하면 이 이산화탄소가 커지면서 반죽이 부풀어 오르게 돼요.

어때요? 간단하고 재미있죠? 영양도 많고 즐겁게 실험할 수 있는 컵케이크를 여러분도 꼭 만들어 보세요.

과학 이야기   Level 01

지구와 우주

태양은 왜 밝을까?

아침에 태양이 뜨고 따뜻한 빛이 들면 우리들의 하루가 시작되지요. 태양은 눈이 부실 정도로 밝고 따뜻해요.

그 까닭은 무엇일까요?

태양은 가스로 이루어져 있어요. 그리고 이 가스는 항상 불구슬처럼 타고 있답니다. 가스가 불구슬처럼 타는 모습은 정말 특별해요.

태양 표면의 온도는 약 6,000도인데 그 한가운데의 온도는 놀랍게도 약

휴, 덥다.

1,500만도나 된답니다.

촛불의 온도가 1,000도이고 가스레인지의 온도가 1,400도 정도라고 하니 엄청나게 높은 온도지요.

또한 태양의 크기는 지구보다 100만 배나 커요. 그래서 지구에서 멀리 떨어져 있어도 밝고 눈부시게 보이는 거예요.

그런데 태양을 만들고 있는 가스는 언젠가 다 타서 없어지는 것이 아닐까요? 태양이 없으면 인간은 살 수가 없어요.

하지만 걱정할 필요는 없어요. 태양은 엄청나게 크기 때문에 앞으로 50억 년 정도는 그대로 빛을 낼 거예요.

50억 년?

별자리는 몇 개나 있을까?

지구

밤하늘에는 셀 수 없이 수많은 별이 있어요. 그 별을 찾는데 편리한 것이 바로 별자리예요.

별자리는 몇 개의 별을 이어서 사람, 동물, 사물 등의 이름을 붙인 거랍니다.

공식적으로 88개의 별자리가 있어요. 이 중에서 우리나라에서 볼 수 있는 별자리는 약 70여 개예요. 유명한 별자리로는 겨울에 볼 수 있는 오리온자리, 여름

에 볼 수 있는 백조자리, 북쪽 하늘에서 1년 내내 볼 수 있는 작은곰자리와 큰곰자리가 있어요.

별자리의 시작은 시간을 5천년 이상 거슬러 올라가요. 메소포타미아(지금의 이라크 부근)에 살고 있던 양치기들이 양들을 지키면서 별이 빛나는 밤하늘을 바라보고 있었어요. 밝게 빛나는 별들을 이어 보면 주변에 있는 동물이나 도구, 전설 속 인물의 모습으로 보여요. 그래서 양치기들은 별들에게 이름을 붙였답니다.

이것이 별자리의 시작이에요. 시간이 지나면서 별자리는 세계로 점점 퍼져나갔어요. 여러 나라에서 각종 별자리를 만들어서 사용하였는데, 세계에서 공통

된 것을 만들어서 사용하기로 했지요. 1930년 세계의 별 전문가들이 모여서, 88개의 별자리를 정한 거예요.

3,000년 동안 이어 온 12개의 별자리

양자리	염소자리	사자자리
물고기자리	황소자리	게자리
물병자리	천칭자리	전갈자리
처녀자리	쌍둥이자리	사수자리

비는 왜 내릴까?

비가 **구름**에서 내려오는 것은 알고 있을 거예요.

그렇다면 비는 왜 내릴까요?

구름은 작은 물 알갱이와 얼음 알갱이가 많이 모여서 이루어진 거예요.

물과 얼음 알갱이는 서로 붙어서 점점 커져요. 결국 크고 무거워진 알갱이는 그대로 떠 있을 수 없어서 하늘에서 떨어지게 되지요. 바로 이것이 **비**예요.

춥고 온도가 낮을 때는 얼음 알갱이가 녹지 않은 채

떨어지기 때문에 눈이 된답니다.

　내려오는 비는 땅 위에 스며들어 강이나 바다로 흘러들어 가요. 그리고 태양으로 데워지면 다시 작은 물 알갱이가 되어서 하늘로 올라가고 새로운 구름이 돼요.

무지개는 왜 생길까?

하늘에 떠 있는 무지개. 무지개는 비가 갠 날이나, 맑은 날인데도 비가 내릴 때 나타나요.

무지개가 뜰 때는 공기 중에 많은 물 알갱이가 떠 있을 때랍니다. 이 물 알갱이에 태양빛이 비치면 무지개가 만들어지거든요.

태양의 빛에는 색이 없는 것처럼 보이지만, 사실은 여러 가지 색깔의 빛이 섞여 있어요. 빛의 색깔에 따라 물 알갱이를 통과할 때 구부러지는 정도가 달라요.

그래서 둥근 물 알갱이를 통과한 빛은 몇 가지의 색으로 나뉘어져서 무지개가 되는 거지요.

　무지개는 빨강, 주황, 노랑, 초록, 파랑, 남색, 보라 7가지 색이에요.

　마당에서 태양을 등지고 호스나 분무기로 물을 뿌리면 무지개를 볼 수 있어요. 또한 탄산음료의 페트병 등 둥글고 미끈한 용기에 물을 담아서 볕이 드는 곳에 두면 작은 무지개를 만들 수 있어요.

비행기 구름은
어떻게 만들어질까?

비행기가 날 때 뒤에 꼬리 모양으로 나타나는 얇은 구름을 본 적이 있나요? 하늘에 길게 나 있는 하얀 구름을 보면 멋진 광경을 보는 것 같아요. 비행기가 지나가면서 만들어지는 구름이라서 비행기 구름이라고 해요. 비행기는 땅 위 6천 미터에서 1만 킬로미터 정도로 높은 하늘을 날아요.

비행기가 날 때 비행기 구름이 늘 만들어지는 것은 아니에요. 비행기가 날면 비행기의 엔진에서 배기가스가 나온

답니다.

　배기가스에 들어 있는 작은 물 알갱이 등은 주변의 차가운 온도 때문에 바로 얼어요. 이렇게 언 물 알갱이가, 비행기 뒤에서 꼬리 모양의 구름이 되는 거지요.

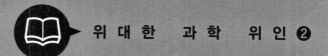

호기심 가득한 마음으로 세계를 바꾼 발명왕

토머스 에디슨
(1847~1931)

"빨간 사과가 하나 있어요. 또 파란 사과가 하나 있어요. 사과는 모두 몇 개 있나요?"

"두 개요!"

선생님의 질문에 학생들은 모두 같은 대답을 했어요. 딱 한 학생만 빼고 말이죠.

"어떻게 두 개가 되나요? 만약 빨간 사과가 파란 사과보다 엄청나게 작으면 어떻게 되나요?"

바로 에디슨이었어요.

쉴 새 없이 질문을 하는 에디슨은 선생님한테 혼만 났어요. 선생님은 에디슨의 엉뚱한 질문에 귀를 기울이지 않았어요.

"요 녀석, 에디슨! 장난치지 말고 진지하게 대답해!"

에디슨은 모든 일에 호기심을 가지고 있었어요. 그래서 자신의 호기심을 풀기 위해 실험을 했어요.

'불은 왜 탈까?'

에디슨은 창고에 불을 붙여서 집을 태우기까지 했어요.

'새는 왜 알을 품을까?'

에디슨은 직접 알을 품기도 했어요.

어른들은 에디슨을 이상한 아이라고 손가락질을 했어요. 에디슨은 결국 학교를 그만두게 되었답니다.

하지만 에디슨의 어머니는 에디슨을 늘 따뜻하게 보살폈어요.

"'왜 그런 걸까?' 하고 호기심을 갖는 것은 매우 중요해. 이제부터는 엄마가 공부를 가르쳐 줄게."

어머니는 에디슨을 위해 많은 과학 책을 샀어요.

"우와! 이 책, 굉장해요! 내가 알고 싶은 이야기가 잔뜩 있어요!"

어머니는 아버지와 의논해 집 근처에 에디슨의 실험실을 만들었어요.

이것이 발명왕의 시작이었지요.

어느 날 에디슨은 '전기 신호를 이용해서 먼 곳에 있는 사람에게 메시지를 보내는 장치'에 관한 책을 읽었어요. 에디슨은 직접 실험을 하고 싶었어요.

"근데 실험 도구를 살 돈이 없잖아. 아, 맞다. 그런 방법이 있었지!"

이때 에디슨이 사는 마을에 처음으로 열차가 달리기 시작했어요. 또한 먼 곳에서는 전쟁이 시작된다는 소문도 있었어요.

"열차 안에서 신문을 팔자. 전기 신호로 다음 역에 뉴스거리를 보내면, 기차를 타는 사람들은 꼭 신문을 사고 싶어 할 거야."

에디슨의 아이디어는 대성공을 했고, 신문은 많이 팔렸어요.

에디슨은 전기 신호 장치를 더 알고 싶어서 공부를 열심히 했어요. 그러자 자연스럽게 전기 신호 장치에 능숙해졌어요.

"우리 회사에서 신호를 보내는 일을 해 보지 않겠나?"

멀리 있는 친구가 에디슨의 능력을 알아보고 말했어요.

'좋아하는 일을 직업으로 삼을 수 있다!'

이 기쁨이 긍정적인 힘으로 바뀌어 에디슨은 일을 하면서도 하나씩 하나씩 발명을 하기 시작했어요.

검 테이프, 쥐덫, 바퀴벌레 퇴치기 등등. 그 중에는 물론 실패작도 있었어요. 하지만 언제나 에디슨은 웃는 얼굴로

"실패도 나에게는 성공이나 마찬가지야. 괜찮아!"

라고 말했답니다.

그러던 어느 날, 아이디어 하나가 번쩍 떠올랐어요.

'전기를 빛으로 바꿀 수는 없을까?'

에디슨은 밤낮을 가리지 않고 실험을 계속했어요.

그리고 실험한 지 10년이 훌쩍 지나서 에디슨은 드디어 전구를 발명했어요.

이 밖에도 에디슨은 여러 도구를 발명했답니다.

발명왕의 멋진 발명은 소년의 '왜?' 라는 호기심에서 시작되었어요.